BEI GRIN MACHT SICH IHR WISSEN BEZAHLT

- Wir veröffentlichen Ihre Hausarbeit,
  Bachelor- und Masterarbeit

- Ihr eigenes eBook und Buch -
  weltweit in allen wichtigen Shops

- Verdienen Sie an jedem Verkauf

Jetzt bei www.GRIN.com hochladen und kostenlos publizieren

Bibliografische Information der Deutschen Nationalbibliothek:

Die Deutsche Bibliothek verzeichnet diese Publikation in der Deutschen National-
bibliografie; detaillierte bibliografische Daten sind im Internet über http://dnb.d-
nb.de/ abrufbar.

Impressum:

Copyright © 2015 GRIN Verlag, Open Publishing GmbH
Druck und Bindung: Books on Demand GmbH, Norderstedt Germany
ISBN: 978-3-668-02795-4

Dieses Buch bei GRIN:

http://www.grin.com/de/e-book/304091/vektoren-im-dreidimensionalen-raum-ein-
beitrag-zur-fachdidaktik-der-mathematik

Elisabeth Korn

Vektoren im dreidimensionalen Raum. Ein Beitrag zur Fachdidaktik der Mathematik

GRIN Verlag

GRIN - Your knowledge has value

Der GRIN Verlag publiziert seit 1998 wissenschaftliche Arbeiten von Studenten, Hochschullehrern und anderen Akademikern als eBook und gedrucktes Buch. Die Verlagswebsite www.grin.com ist die ideale Plattform zur Veröffentlichung von Hausarbeiten, Abschlussarbeiten, wissenschaftlichen Aufsätzen, Dissertationen und Fachbüchern.

FACHARBEIT

Veranschaulichung des Lerninhalts ‚Vektoren im dreidimensionalen Raum'

unter Verwendung eines Vektorbretts – Ein Beitrag zur Fachdidaktik der Mathematik

Fach: Mathematik

Verfasser: Elisabeth Korn

Abgabetermin: 10.07.2015

Inhaltsverzeichnis

1. Einleitung

Die Mathematik-Didaktik untersucht das Lehren und Lernen mathematischer Inhalte und umfasst sowohl Lernziele, Inhalte, Methoden sowie Lehr- und Lernmittel im Mathematikunterricht als auch das Lernverhalten von Schülern. Wie Schüler unterschiedlichen Alters mathematisch denken, Mathematik lernen und ihre mathematischen Kompetenzen im Mathematikunterricht entwickeln, ist sehr unterschiedlich. Vor allem in diesem Fach stehen die Schüler meist vor größeren Verständnisproblemen als beispielsweise in anderen Naturwissenschaften, und zwar aufgrund der hauptsächlich abstrakten Inhalte, symbolischen Darstellungen und dem fehlenden Bezug zum eigenen Erlebten. Eine Weise, diesem Problem des Mathematikunterrichts zu begegnen, ist die genauere Untersuchung der Lehrmethoden von bestimmten Themen, um dem Schüler ein besseres Verständnis von Theorien auch durch andere, im Unterricht bislang nicht angewendete Methoden zu ermöglichen. In meiner Facharbeit konzentriere ich mich hauptsächlich darauf, wie man am Beispiel der Vektorgeometrie unter Zuhilfenahme eines Vektorbretts dreidimensionale Zusammenhänge veranschaulichen kann. Ich werde vorstellen, wie meine neue Veranschaulichungsmethode einen aktiveren und neuen Zugang zur analytischen Geometrie der Vektoren (Lehrinhalt der Jahrgangsstufe 11) ermöglicht.

2. Die Relevanz der Veranschaulichung als Prinzip des mathematisch-naturwissenschaftlichen Unterrichts

Anhand von zwei unterschiedlichen fachdidaktischen Arbeiten soll zunächst die Wichtigkeit des exemplarischen Lernens und der Veranschaulichung von mathematischen Zusammenhängen im Mathematikunterricht herausgearbeitet werden. Das Ziel soll sein, die wichtigsten Schlussfolgerungen aus diesen zwei Arbeiten anschließend auf den schulischen Unterricht zu übertragen und somit das Vektorbrett als unterstützendes Anschauungsmaterial mathematikdidaktisch zu begründen. Dies soll eine Antwort auf die Frage geben, wieso das Modell wertvoll und hilfreich für den Mathematikunterricht sein könnte.

Erste Arbeit: „Zum Begriff des Exemplarischen Lehrens" von Martin Wagenschein

Schon seit langer Zeit wird die Stofffülle auf dem Feld des mathematisch-naturwissenschaftlichen Unterrichts als didaktisches Problem wahrgenommen. So stellte der deutsche Physiker und Pädagoge Martin Wagenschein (1896-1988) in seinem grundlegenden Aufsatz „Zum Begriff des Exemplarischen Lehrens" aus dem Jahr 1956 fest, dass der naturwissenschaftliche Unterricht dem Festhalten an der Stofffülle mit Exemplarität des Lehrens, sowie Elementarität und Fundamentalität der ausgewählten reduzierten Lehrstoffe begegnen müsse, um effektiv zu sein.

Exemplarität	„Das Einzelne (...), ist nicht Stufe, es ist Spiegel des Ganzen" (S. 4)
Elementarität	„(Das) Elementare ist immer auf der Seite des schon fachlich erschlossenen Objekts zu suchen (...), herausgeholtes allgemeines Ergebnis, das die Vielzahl der Einzelfälle beherrscht" (S. 9)
Fundamentalität	„Die Mathematik (passt) in irgend einer Weise auf die Gebilde unserer Erfahrung "- „*Mathemasierbarkeit* gewisser natürlicher Abläufe" (S. 10)

Hinzukommt die substanzielle Funktion, die Wagenschein dem „scharfen Zusehen" (S.16) beimisst.

Man kann die fundamentalen, nur exemplarisch zu gewinnenden, Erfahrungen eines Faches danach einteilen, ob sie unsere Geborgenheit erschüttern oder stärken. Die Naturwissenschaften vermögen beides: die rationale Verstehbarkeit gewisser natürlicher Abläufe erweckt Vertrauen, die damit verbundene Entzauberung erschüttert wieder. Wir können vieles, was nur dem Missverstehenden eine Verlorenheit zu sein scheint, retten durch 1. scharfes Zusehen, 2. ständige wissenschaftstheoretische Wachsamkeit. (S. 16)

Daraus resultiert für den mathematisch-naturwissenschaftlichen Unterricht nicht nur die Orientierung an den Geboten der Exemplarität, Elementarität und Fundamentalität der Stofflichkeit, sondern auch die Erfordernis der Veranschaulichung durch Bilder und Modelle. Es soll demnach versucht werden, die Elemente, welche den naturwissenschaftlichen Unterricht auszeichnen, wie z. B. Modelle oder Realexperimente auf den Mathematikunterricht und im besonderen Maße auf die analytische Geometrie zu übertragen. Wagenschein charakterisiert des Weiteren das exemplarische Verfahren im Mathematikunterricht als „stellvertretend, abbildend, repräsentativ, prägnant, Modellfall, mustergültig, beispielhaft, paradigmatisch" (S. 4). Hieraus lässt sich auch ablesen, dass das exemplarische Lernen im Mathematikunterricht anhand eines Modells eine Stütze für den Schüler sein kann, da es einen guten, beispielhaften Blick auf den größeren, dahinterstehenden Sachverhalt wirft und einen Schwerpunkt darstellt, welcher aber das Verständnis des Ganzen trägt und spiegelt.

Zweite Arbeit: „Paradoxien des Verstehens von Mathematik" von Hans-Joachim Vollrath

Der deutsche Mathematiker Hans-Joachim Vollrath beschäftigt sich hier mit dem „Verstehen als eine(r) fundamentale(n) Kategorie der Mathematikdidaktik" (S. 1), doch geht er nicht nur auf das Verstehen von der Seite der Schüler aus, sondern er beschreibt und untersucht Methoden des Lehrens auf ihre Wirksamkeit und Treffsicherheit. Vollrath beginnt mit der Definition des Verstehens und stellt fest, dass der Begriff und der Prozess des Verstehens mehr erfordert als einfache Theorie. Im Mathematikunterricht ist die Theorie natürlich stets gegenwärtig, doch schafft sie vor allem bei Schülern manchmal Probleme.[1] Diesem erwünschten Verständnis mathematischer Zusammenhänge stehen im Schulunterricht jedoch Probleme gegenüber, welche oftmals Frustration und Resignation bei dem Schüler auslösen, der nicht folgen kann. Vollrath beschreibt dies als ein „Spannungsverhältnis zwischen Verstehen durch und Verstehen von Mathematik" (S. 5). Damit weist er darauf hin, dass es nicht möglich ist, ein mathematisches Problem einfach an Theorien zu erklären, und dass es so viel mehr notwendig ist, dem Schüler das Verständnis eines Sachverhalts näher zu bringen, denn „für den Mathematikunterricht sind keine einfachen, rezeptartigen Antworten auf die Fragen des Verstehens zu erwarten" (S. 5). Auch wenn die Theorie dem Wissenden klar und verständlich scheint, braucht der Schüler Anhaltspunkte, um einen Denkprozess in Bewegung zu setzen; wenn der Lernende einen Sachverhalt jedoch nicht versteht, so fühlt er sich gezwungen, die Denkweise des Lehrers anzunehmen, ohne jedoch selbst darauf zu kommen.

> Bildlich gesprochen verliert der Lernende durch die Allgemeinheit der Darstellung ‚den Boden unter den Füßen', die Lückenlosigkeit der Argumentationskette zwingt ihn ‚sich blind Schritt für Schritt voran zu tasten'. (S. 6)

So beschreibt Vollrath die Lage des Schülers im Mathematikunterricht, wenn die Theorie nur vorgesetzt wird. Um das Verständnis der Theorie zu erlangen, gibt Vollrath den Hinweis, dass der Schüler sich das Wissen selbst erarbeiten müsse, sonst trete zwangsläufig die ‚Boden-unter-den-Füßen-weg'-Wirkung ein und der Schüler verstehe ein Problem nur oberflächlich, was ihm dann bei Leistungserhebungen schaden könne, denn was er an Theorie mitgenommen habe, könne er durch das fehlende, nicht selbst erarbeitete Verständnis nicht in einer anderen Situation des Fachgebietes anwenden. Um das nötige Wissen und Verständnis

---

[1] „Und doch besteht bei vielen Menschen, ungeachtet der Stufe der Ausbildung, der Wunsch nach einem Verständnis dessen, was die Mathematik (...) bedeutet." (S. 4)

eines mathematischen Problems zu erlangen, bedarf es eines weitgefächerten Prozesses, welcher nach persönlichen Erfahrungen im Mathematikunterricht eher selten eine Rolle spielt. Vollrath beschreibt diesen Prozess des Verstehens wie folgt:

> Man trennt die verschiedenen Seiten, die ein Gegenstand mathematischer Untersuchung darbietet, auf natürliche Weise, macht jede für sich von einer eigenen, relativ engen und leicht überblickbaren Gruppe von Voraussetzungen aus zugänglich und kehrt dann in der Vereinigung der passend spezialisierten Teilresultate zum komplexen Ganzen zurück. (S. 7)

Vollrath betont, dass erst durch einen solchen Prozess Strukturen sichtbar werden und Zusammenhänge erkannt werden können. Auf den Schulunterricht übertragen kann man sagen, dass der Schüler erst alle Seiten eines Problems beleuchtet und einzeln berücksichtigt haben muss, bevor ein Gesamtbild des Problems erkennbar wird. Dieser wichtige Verstehensprozess fehlt komplett, wenn der Unterricht nur aus blanken Theorien besteht. Dies wirft auch in Vollraths Arbeit die Frage auf:

> Lassen sich z.B. Strukturbegriffe wie (...) der Vektorraum in ihrer Allgemeinheit überhaupt verstehen, ohne die Modelle und Fragestellungen zu kennen, aus denen sie erwachsen sind? (S. 8)

Der Meinung Vollraths nach, kann man im Mathematikunterricht nur dann von Verstehen reden, wenn dies einen Prozess umfasst, in dem sich der Lernende selbst mit der Mathematik auseinandersetzt. Dies erfordert nach Vollrath Freiräume zu eigenem Probieren, eigenen Zielsetzungen und Wertungen. Ein weiterer wichtiger Aspekt der Mathematik findet sich seiner Meinung nach in der Anschaulichkeit wieder. Durch Modelle und exemplarisches Lernen kann der Schüler sich selbst ein Bild von bestimmten Problemen schaffen, um das Verständnis zu erlangen, denn, wie schon aus anderen Unterrichtsfächer bekannt, ist es unmöglich, nur einen Lerntypen zu berücksichtigen, um den Schülern ein Thema näher zu bringen. Wo in sprachlichen Fächern moderne Medien angewendet werden, kann genauso im Mathematikunterricht auf Modelle oder andere visuelle Verdeutlichungen zurückgegriffen werden. In Vollraths wissenschaftlicher Arbeit findet sich auch eine Brücke zwischen der Mathematik-Didaktik und dem aktiven Unterricht der Oberstufe: Er ist der Meinung, dass sich aus dieser Theorie über das Verständnis von Sachverhalten beim Schüler bestimmte Regeln für den Unterricht ableiten:

(5) Alles mathematische Denken und Handeln im Unterricht muß sich auf Anschauung gründen. (6) Mathematikunterricht darf nicht einer bloßen Anschaulichkeit verhaftet bleiben, sondern Begriffsbildungen und Begründungen bedürfen angemessener Strenge. (S. 19)

Wie hieraus erkennbar wird, schlägt Vollrath vor, die visuelle Partie des Unterrichts, welche z. B. für die räumliche Anschauung eines Koordinatensystems vorstellbar ist, mit der nötigen Theorie und dem erforderlichen Sachwissen zu ergänzen, um die optimale Wirkung zum Verstehen bei den Schülern zu erreichen.

Auch ich schließe mich dieser Auffassung an und habe in meiner Arbeit versucht, ein dementsprechendes, der Veranschaulichung dienendes Lehr- und Lernmittel zu konzipieren. Das Modell allein ist nach Vollrath noch nicht ausreichend. Es bedarf der Theorie, um die gesamte mathematische Komplexität zu erfassen und es ist unmöglich dem Schüler einen Sachverhalt ohne eine gewisse mathematische Strenge der Begriffe und ihrer Strukturen zu verdeutlichen.

3. Veranschaulichung des Lerninhalts ‚Vektoren im dreidimensionalen Raum' unter Verwendung eines Modells

Das Verstehen der vektoriellen Geometrie (in der Oberstufe) scheitert bei vielen Schülern bereits am räumlichen Vorstellungsvermögen. Das notwendige abstrakte Vorstellen des Raums ist etwas komplett anderes für den Schüler der Oberstufe, für den in der Sekundarstufe I räumliche Situationen an konkreten Gegenständen und Modellen darstellbar waren (z.B. Würfel oder Verpackungen). Die koordinatenbezogene Darstellung des Raumes soll stattdessen durch die Symbolik der vektoriellen Schreibweise erklärt werden, was für den Schüler eine große Herausforderung bedeuten kann, an der einige sogar scheitern. Dieser Schwierigkeit des Verstehens versucht man zu begegnen, indem im Mathematikunterricht zweidimensionale Darstellungen der dreidimensionalen Vektorgeometrie als Veran- schaulichungen genutzt werden. Diese stellen jedoch nur ein zweidimensionales Bild von dreidimensionalen Zusammenhängen dar und sind nur mittelbar geeignet, die tatsächlichen mathematischen Zusammenhäng (z.B. Projektionen oder Perspektivdarstellungen) zu erschließen. In Anlehnung an Vollrath und Wagenschein ist das Prinzip der Veranschaulichung ein grundlegender Ausgangspunkt zum räumlichen Verstehen. Konsequenterweise muss daher der Schritt von der symbolischen Darstellung der dreidimensionalen Vektorgeometrie durch Formeln über eine bildliche, zweidimensionale Veranschaulichung hin zu einer realen dreidimensionalen Veranschaulichung an einem Modell vollzogen werden. Durch entsprechendes Lehr- und Lernmaterial könnte der Schüler eine neue, reale Sicht auf das Problem der räumlichen Vektorgeometrie gewinnen und sich dieses mit Hilfe der mathematischen Theorie selbst erarbeiten, um den von Vollrath beschriebenen Prozess des Verstehens zu durchlaufen. Für diesen Veranschaulichungsschritt hin zu einem dreidimensionalen Modell biete ich mit dieser Facharbeit einen Lösungsweg an. Eingeführt wird ein Vektorbrett als dreidimensionales Modell für die räumliche Vektorgeometrie. Durch dieses Vektorbrett können Grundaufgaben der analytischen Geometrie dargestellt werden. Es eignet sich auch für komplexere Situationen, wie zum Beispiel die Addition von Vektoren oder das Darstellen von Ebenen im Raum. Die Veranschaulichungswirkung wird mit dem Vektorbrett auf mehrere Weisen erzielt: der Schüler kann die mathematischen Sachverhalte (Vektoren im Raum, Geraden im Raum, Lage von Geraden im Raum, Ebenen im Raum) an einem Realmodell aus allen drei möglichen Richtungen betrachten und erkennen. Zudem kann er die Sachverhalte selbst herstellen und in das Modell haptisch einbauen. Die Veranschaulichung erfolgt nicht nur durch Sehen und

Betrachten, sondern auch durch praktisches Einwirken auf das Modell, im wahrsten Sinne des Wortes, durch Begreifen. Somit wird eine neue Stufe im Veranschaulichungsprozess erreicht.

4. Das Vektorbrett als dreidimensionales Modell

Das Vektorbrett besteht aus einer großen Holzplatte (40cm x 40 cm), welche in Abständen von jeweils 5 cm horizontal und vertikal ein Loch zum Einschrauben von Metallstäben besitzt, um so einen dreidimensionalen Raum zu schaffen (Bild 1, Bild 2).

Bild 1   Bild 2

Im Modell selbst gibt es keine festgelegte Achseneinteilung, sondern diese kann nachträglich eingetragen werden (z.B. mit brauner Pappe), wobei die Metallstäbe immer als Achsen fungieren können (in die Höhe= *z-Achse*...etc.) Da es keine festgelegten Achsen im Modell gibt, kann auch der Koordinatenursprung, je nach Bedarf, im Raum angebracht werden, um von dort aus die Achsen festzulegen. Dies hat den Vorteil, dass man nicht nur eine Möglichkeit der Darstellung hat, sondern, dass man, je nach Aufgabe und Platz, den Raum gezielt nutzen und verändern kann. In meinen Beispielen habe ich die Einheiten so festgelegt, das Längen- und Höheneinheiten immer 5 cm betragen. Auf der *z-Achse* wurden die Einheiten mit weißen Knetkugeln dargestellt. Die Punkte werden mit Knete im Raum (an den Stangen) befestigt und man kann auch unter ihnen mit unterschiedlich farbiger Knete differenzieren. Um zwei Punkte zu verbinden und Vektoren oder Geraden darzustellen, habe ich in meinen Aufgaben Gummibänder, Schnüre und andere Materialien benutzt.

Wie auch auf dem Papier werden die Koordinaten eines Punktes bzw. eines Vektors entlang oder parallel zur *x-Achse*, dann *y-Achse* und letztendlich *z-Achse* abgelesen, um die Werte zu erhalten. Das Vektorbrett wurde konstruiert und mir zur Verfügung gestellt von Herrn Dr. Xylander, Fachlehrer für Mathematik und Physik am Landesgymnasium Sankt Afra zu Meißen. Alle weiterführenden Überlegungen zur didaktischen Funktion des Modells sowie zur Achseneinteilung und Markierung von Einheiten, Punkten etc. sind Bestandteil meines Konzepts zur Veranschaulichung des Lerninhalts ‚Vektoren im dreidimensionalen Raum'.

5. Veranschaulichung von sieben Grundaufgaben der Vektorgeometrie

An den folgenden sieben Grundaufgaben für das Darstellen von und Rechnen mit Vektoren im dreidimensionalen Raum soll exemplarisch erarbeitet werden, wie das Vektorbrett als Veranschaulichung im Mathematikunterricht eingesetzt werden kann. Dabei wird in meinen Ausführungen die symbolische Darstellung mit der bildlichen (zweidimensionalen) Darstellung verglichen, und zwar in Form der Fotografien der Darstellungsmöglichkeiten am Vektorbrett.

Untersucht werden folgende Grundaufgaben:

a) Darstellen eines Vektors an zwei Punkten im Raum

b) Darstellen von Gegenvektoren

c) Darstellen von Ortsvektoren

d) Addition von Vektoren

e) Subtraktion von Vektoren

f) Darstellen von Geraden im Raum

g) Darstellen von Ebenen im Raum

a) Darstellen eines Vektors an zwei Punkten im Raum:

gewählte Punkte: $A\left(2|1|0\right)$ und $B\left(3|3|2\right)$

allgemein: $\overrightarrow{AB} = \begin{pmatrix} x_B - x_A \\ y_B - y_A \\ z_B - z_A \end{pmatrix}$

rechnerisch: $\overrightarrow{AB} = \begin{pmatrix} 3-2 \\ 3-1 \\ 2-0 \end{pmatrix} = \begin{pmatrix} 1 \\ 2 \\ 2 \end{pmatrix}$

Durch das Vektorbrett lassen sich solche Aufgaben zur Darstellung von Vektoren gut veranschaulichen (Bild 3). Die beiden Punkte können durch einfaches Abzählen der Koordinaten anhand der Stangen in den Raum gesetzt werden (Bild 4).

Diese Darstellung trägt zur Verdeutlichung des räumlichen Zusammenhangs zweier Punkte eines Vektors bei, denn durch einfache Mittel (wie z.B. ein rotes Gummiband als Linie zwischen den beiden Punkten) wird auch der mathematische Zusammenhang „Vektor" als gerichteter Pfeil ersichtlich. Zum Darstellen eines Vektors müssen nur die Punkte in das Koordinatensystem eingetragen und mit einer gerichteten Linie verbunden werden (Bild 5). Um die Lage des Vektors mathematisch zu ermitteln, kann der Schüler einfach vom Punkt A, parallel zur x-, y- und z-Achse die Schritte zum Punkt B abzählen und schon hat er die richtigen Wertes des Vektors bestimmt (Bild 4).

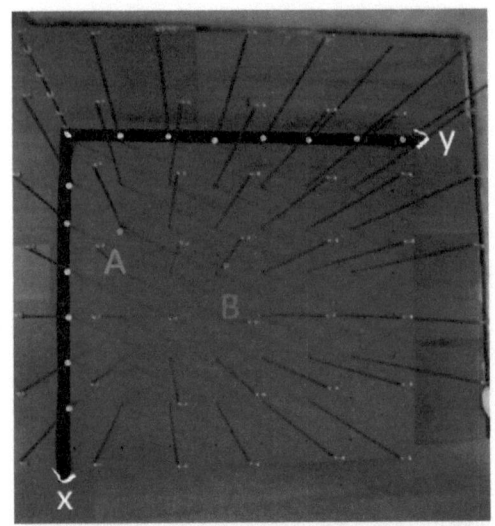

Bild 3

Bild 4

Bild 5

b) Darstellen von Gegenvektoren:

Die Vektoren $\overrightarrow{AB}$ und $\overrightarrow{BA}$ sind dann Gegenvektoren, wenn sie gleichlang, parallel und entgegengesetzt gerichtet sind.

Gegeben: $A(2|1|0)$ und $B(3|3|2)$

allgemein: $\overrightarrow{AB} = -\overrightarrow{BA}$

rechnerisch: $\overrightarrow{BA} = \begin{pmatrix} 2-3 \\ 1-3 \\ 0-2 \end{pmatrix} = \begin{pmatrix} -1 \\ -2 \\ -2 \end{pmatrix} = -\overrightarrow{AB}$

Auch hier können die Punkte wieder (unter Berücksichtigung der festgelegten Längeneinheiten) im Raum eingetragen werden und mit einer Linie verbunden werden. Der Unterschied zwischen dem Ursprünglichen Vektor $\overrightarrow{AB}$ und seinem Gegenvektor liegt, wie schon bekannt, in der Richtung der Pfeile, und damit im Vorzeichen. Der Betrag (die Länge) der beiden Vektoren ist jedoch gleich (Bild 6).

Analog können, zur Ermittlung der Koordinaten von $\overrightarrow{BA}$, die Werte abgelesen werden, indem man parallel zur x-, y- und z-Achse von B nach A abzählt, um so auf die Koordinaten des Vektors zu kommen.

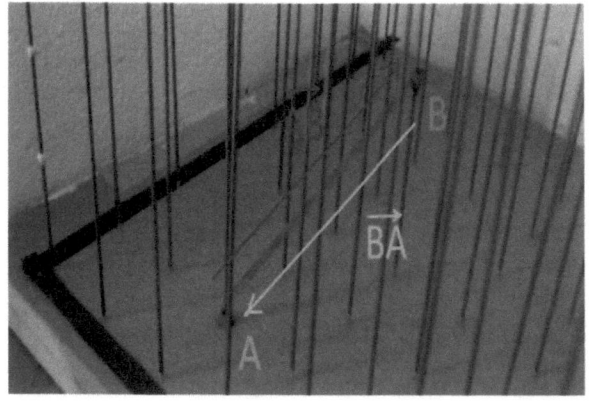

Bild 6

c) Darstellen von Ortsvektoren:

Der Ortsvektor eines Punktes entsteht durch die Verschiebung des Koordinatenursprungs auf den jeweiligen Punkt.

Gegeben: $A\left(4|2|3\right)$

Allgemein: $\overrightarrow{OA} = \begin{pmatrix} x_A - 0 \\ y_A - 0 \\ z_A - 0 \end{pmatrix}$

rechnerisch: $\overrightarrow{OA} = \begin{pmatrix} 4-0 \\ 2-0 \\ 3-0 \end{pmatrix} = \begin{pmatrix} 4 \\ 2 \\ 3 \end{pmatrix}$

Indem man den gegebenen Punkt in das dreidimensionale Koordinatensystem setzt, kann man den Zusammenhang (die Verschiebung) zwischen dem Punkt und dem Koordinatenursprung leicht durch eine Linie zeigen (Bild 7)

Zum Ermitteln des Ortsvektors müssen nur die Längeneinheiten vom Koordinatenursprung KOU bis zum Punkt abgelesen werden (Bild 8, Bild 9), um dann auf die Koordinaten des Ortsvektors zu kommen.

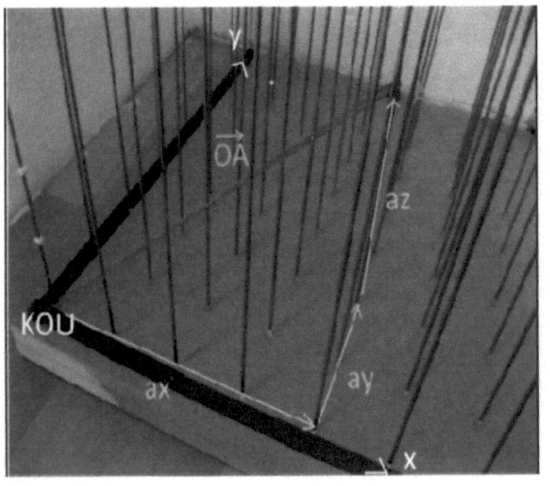

Bild 7

Bild 8↑   Bild 9↓

16

d) Addition von Vektoren:

gegebenen: $\vec{a} = \begin{pmatrix} 1 \\ 2 \\ 1 \end{pmatrix}$ und $\vec{b} = \begin{pmatrix} 3 \\ 0 \\ 0 \end{pmatrix}$

allgemein: $\vec{a} + \vec{b} = \begin{pmatrix} a_x + b_x \\ a_y + b_y \\ a_z + b_z \end{pmatrix} = \vec{c}$

rechnerisch: $\vec{a} + \vec{b} = \begin{pmatrix} 1+3 \\ 2+0 \\ 1+0 \end{pmatrix} = \begin{pmatrix} 4 \\ 2 \\ 1 \end{pmatrix} = \vec{c}$

Der Summenvektor von zwei Vektoren kann auch mit dem Vektorbrett dargestellt werden. Indem man die beiden Vektoren (durch gezieltes Ablesen) hintereinander einträgt, wird der Summenvektor im Raum aufgespannt. Dieser sollte dann noch durch eine Schnur markiert werden und schon ist die Addition von Vektoren im Raum zu erkennen (Bild 10).

Dies ermöglicht eine Vorstellung der Situation und natürlich kann man auch die Koordinaten, welche man schriftlich durch Addition ausgerechnet hat, ablesen, indem man vom Ausgangspunkt des ersten eingezeichneten Vektors (hier $\vec{a}$) ausgehend bis zum Ende des zweiten (hier $\vec{b}$) zählt. Die abgelesenen Koordinaten entsprechen denen der Addition (Bild 11, Bild 12).

Bild 10

Bild 11↑

Bild 12↓

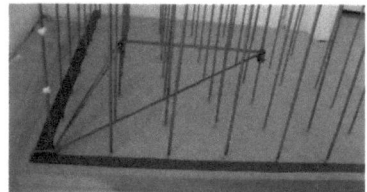

17

e) Subtraktion von Vektoren:

Bei der Subtraktion von Vektoren ist die Differenz von zwei gegebenen Vektoren zu ermitteln. Im Koordinatensystem bedeutet das, dass die Pfeile der Vektoren (hier $\vec{a}$ und $\vec{b}$) den gleichen Ausgangspunkt besitzen, aber in unterschiedliche Richtungen streben. Die Differenz liegt zwischen den beiden Pfeilspitzen, allerdings vom zweiten zum ersten Vektor (hier von $\vec{b}$ nach $\vec{a}$) abgelesen.

$$\text{gegebenen: } \vec{a} = \begin{pmatrix} 4 \\ 0 \\ 1 \end{pmatrix} \text{ und } \vec{b} = \begin{pmatrix} 2 \\ 2 \\ 1 \end{pmatrix}$$

$$\text{allgemein: } \vec{a} - \vec{b} = \begin{pmatrix} a_x - b_x \\ a_y - b_y \\ a_z - b_z \end{pmatrix} = \vec{d}$$

$$\text{rechnerisch: } \vec{a} - \vec{b} = \begin{pmatrix} 4-2 \\ 0-2 \\ 1-1 \end{pmatrix} = \begin{pmatrix} 2 \\ -2 \\ 0 \end{pmatrix} = \vec{d}$$

Die Differenz von zwei Vektoren lässt sich auch im räumlichen Modell erarbeiten (Bild 13): Von der Pfeilspitze des zweiten Vektors aus (hier: von $\vec{b}$) zur Pfeilspitze des ersten (hier: $\vec{a}$), wird die Differenz, beschrieben mit dem Vektor $\vec{d}$ aufgespannt. Der hier mit einem blauen Faden gekennzeichnete Vektor stellt nun die Differenz der beiden Vektoren dar und man kann durch das Abzählen der Stangen (parallel zur x-, y- und z-Achse) von $\vec{b}$ zu $\vec{a}$ die genauen Koordinaten des Differenzvektors ermitteln. (Bild 14) Dies hilft dabei, die Subtraktion von Vektoren auch im Raum darzustellen und den Zusammenhang zwischen der Differenz $\vec{d}$ und den ursprünglichen Vektoren $\vec{a}$ und $\vec{b}$ zu erkennen (Bild 15).

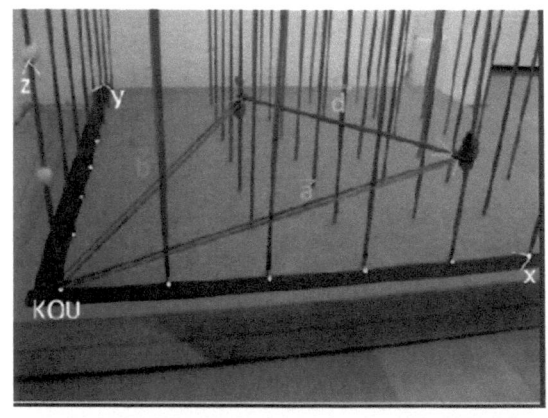

Bild 13

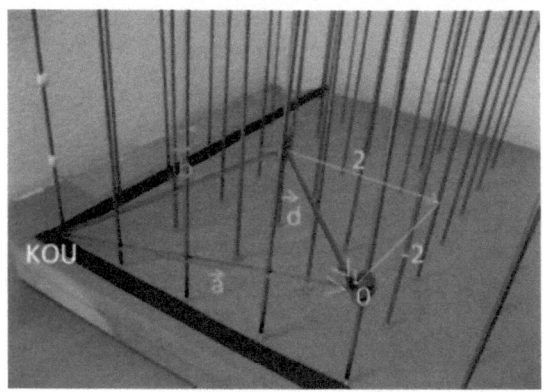

Bild 14

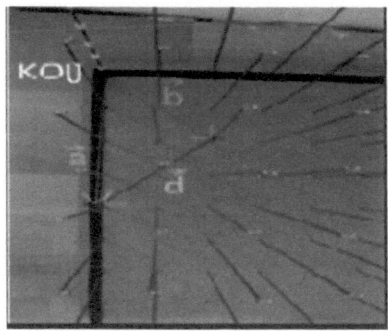

Bild 15

f) Darstellen von Geraden im Raum:

Für die Parameterdarstellung einer Geraden braucht man einen Stützvektor (hier $\overrightarrow{OA}$) und einen Richtungsvektor (hier $\overrightarrow{AB}$), welcher mit einem Faktor r $(r \in \mathbb{R})$ multipliziert wird, um so eine Gerade aufzuspannen.

Gegeben: $A(1|-2|2)$ und $B(0|-1|2)$ $\rightarrow$ $\overrightarrow{OA} = \begin{pmatrix} 1 \\ -2 \\ 2 \end{pmatrix}$ und $\overrightarrow{AB} = \begin{pmatrix} -1 \\ 1 \\ 0 \end{pmatrix}$

Allgemein: $g : \vec{x} = \overrightarrow{OA} + r \cdot \overrightarrow{AB}$ $(r \epsilon R)$

demnach lautet die Parameterdarstellung: $g : \vec{x} = \begin{pmatrix} 1 \\ -2 \\ 2 \end{pmatrix} + r \cdot \begin{pmatrix} -1 \\ 1 \\ 0 \end{pmatrix}$

Ausgehend von der vektoriellen Schreibweise sind die Geraden im Raum schwer räumlich vorstellbar, da der Parameter r die Menge aller reellen Zahlen durchläuft.

Dieser Sachverhalt der unendlich vielen Faktoren r lässt sich auch mit dem Modell nicht abbilden.

Das Vektorbrett hilft jedoch die Zusammenhänge zwischen dem Stützvektor $\overrightarrow{OA}$, dem Richtungsvektor $\overrightarrow{AB}$, der Geraden und einem Punkt $\vec{x}$ auf der Geraden gut an dem Modell zu verdeutlichen (Bild 16). Die einzelnen Bestandteile der Geraden können wieder im Koordinatensystem abgezählt werden und bieten so die rechnerische Grundlage (Bild 17, Bild 18).

Dies kann dem Schüler anschließend beim rechnerischen Teil helfen, da er nun eine weitere Darstellung kennt, weiß, wie die Gerade im Raum aufgespannt werden kann, und die Bedeutung des Parameters r begreift.

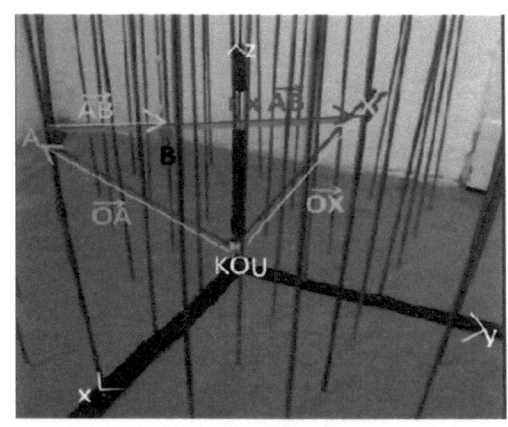

Bild 16

Bild 17

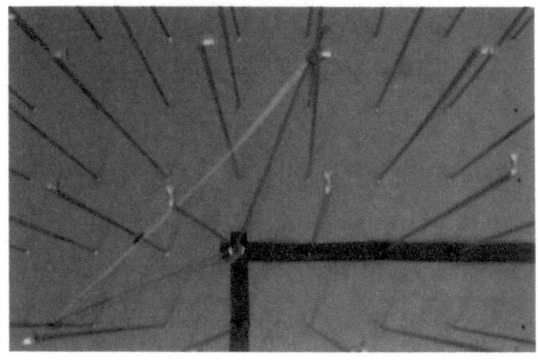

Bild 18

g) Darstellen von Ebenen im Raum:

Es gibt zwei Möglichkeiten Ebenen im Raum darzustellen.

(1) Eine Ebene kann durch 3 Punkte, die nicht auf einer Geraden liegen, aufgespannt werden.

Gegeben: $A(2|0|2)$, $B(2|2|0)$ und $C(0|2|2)$

Allgemein: $E: \vec{x} = \overrightarrow{OA} + r \cdot \overrightarrow{AB} + s \cdot \overrightarrow{AC} \quad (r, s \in R)$

demnach lautet die Parameterdarstellung: $E: \vec{x} = \begin{pmatrix} 2 \\ 0 \\ 2 \end{pmatrix} + r \cdot \begin{pmatrix} 0 \\ 2 \\ -2 \end{pmatrix} + s \cdot \begin{pmatrix} -2 \\ 2 \\ 0 \end{pmatrix} \quad (r, s \in R)$

Bei dieser Variante der Ebenendarstellung im Raum ist das Modell von großem Vorteil für das Verständnis dieses Sachverhalts. Die drei Punkte und die daraus entstehenden Vektoren können durch Abzählen in das Koordinatensystem eingetragen werden und spannen dann einen Ebenenausschnitt (hier mit rosa Schraffur gekennzeichnet) auf (Bild 19, Bild 20). Mit diesem Modell ist es nicht nur möglich einen Ebenenausschnitt zu zeigen, sondern man kann auch noch die Relation zwischen den Koordinatenebenen und Achsen beschreiben, um eine genauere Beschreibung der Lage der Ebene zu erhalten, wodurch die Zusammensetzung der Ebenengleichung in Parameterform ersichtlich und nachvollziehbar wird.

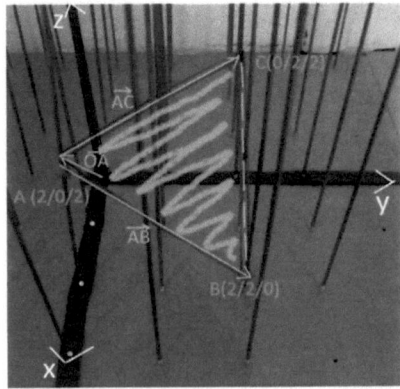

Bild 19

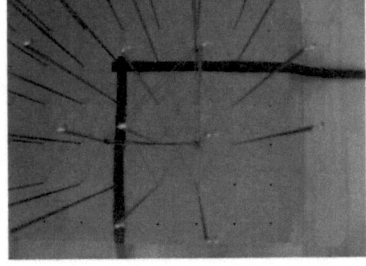

Bild 20

(2) Eine Ebene kann durch eine Gerade g und einen Punkt P, der nicht auf der Geraden liegt, eindeutig festgelegt werden.

Gegeben: $g : \vec{x} = \begin{pmatrix} 1 \\ -2 \\ 2 \end{pmatrix} + r \cdot \begin{pmatrix} -1 \\ 1 \\ 0 \end{pmatrix}$ $(r \epsilon R)$, $P\left(1|1|1\right)$

demnach lautet die Parameterdarstellung: $E : \vec{x} = \begin{pmatrix} 1 \\ -2 \\ 2 \end{pmatrix} + r \cdot \begin{pmatrix} -1 \\ 1 \\ 0 \end{pmatrix} + s \cdot \begin{pmatrix} 0 \\ 3 \\ -1 \end{pmatrix}$

Auch für diese Form der Darstellung eines Ebenenausschnittes zeigt sich das Vektorbrett geeignet, denn man kann hier die beiden, schon bekannten, Darstellungsmöglichkeiten von Geraden und von Vektoren verbinden (Bild 21).

Auch hier ist die Lage der Ebene (bzw. des Ebenenausschnittes) im Raum ersichtlich und es wiederum möglich, visuell zu zeigen, wie sich die gesamte Ebene in Bezug auf die Achsen und Koordinatenebenen verhält (Bild 23). Somit kann man die beiden rechnerischen Darstellungsmöglichkeiten einer Ebene räumlich mit dem Vektorbrett veranschaulichen.

Was sich bei einer solchen Darstellung von Ebenen auch noch eignet, ist das Zeigen von Spur- und Durchstoßpunkten an Ebenen.

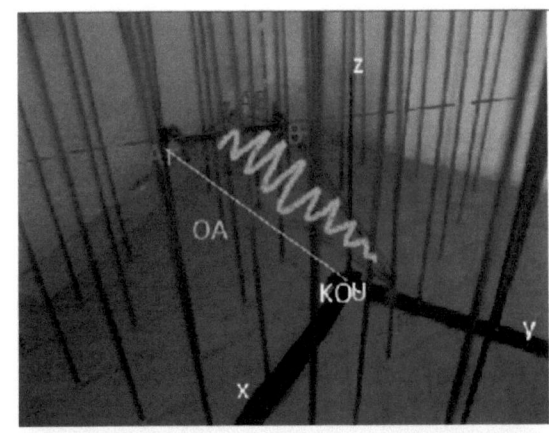

Bild 21

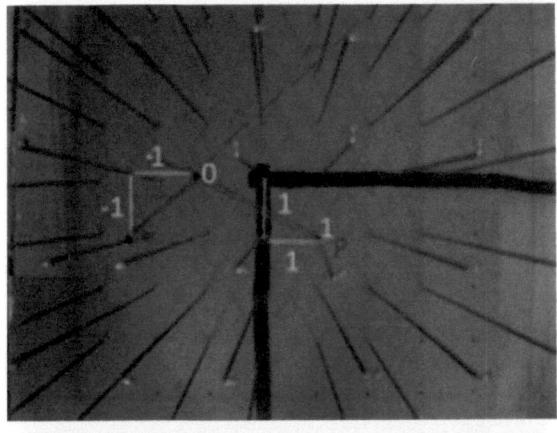

Bild 22

Bild 23

6. Fazit

Als Schlussfolgerung kann man sagen, dass das Vektorbrett zum Darstellen von mathematischen Problemen der räumlichen Vektorgeometrie geeignet ist. Dem Schüler ist durch das Vektorbrett (und durch den vorhergehenden Prozess des Zusammenbauens) eine zweite, räumliche Sicht des kartesischen Koordinatensystems ermöglicht worden. Dieser selbst erarbeitete Zusammenhang kann ihm im Nachhinein beim Verständnis von komplexeren Aufgaben helfen, z. B. mit der Lagebeziehung von Geraden und Ebenen, da sich die Grundlagen für diese Problemstellungen gut anhand des Vektorbrettes darstellen lassen. Das Modell ist für den Unterricht geeignet, da man sich durch den unkomplizierten Aufbau bei der Darstellung von Vektoren, Geraden und Ebenen auf das Wesentliche konzentrieren kann und trotzdem komplexere Zusammenhänge im dreidimensionalen Raum ohne Probleme dargestellt werden können. Das Vektorbrett ersetzt nicht die Auseinandersetzung mit der Theorie und den symbolischen Darstellungen (Formeln) der Vektorgeometrie. Die Veranschaulichung muss im Zusammenhang mit einer gewissen mathematischen Strenge stehen. Insgesamt kann festgestellt werden: Die Anschaulichkeit von räumlichen Zusammenhängen im Mathematikunterricht kann durch ein Vektorbrett weiter ausgebaut werden und dem Schüler das Verstehen erleichtern.

7. Anhang: Quellenverzeichnis

1. **Wagenschein, Martin.** *Zum Begriff des exemplarischen Lehrens,* http://www.martin-wagenschein.de/Altbau/en/Archiv/W-128.pdf

2. **Vollrath, Hans-Joachim.** Paradoxien des Verstehens von Mathematik, http://www.history.didaktik.mathematik.uni-wuerzburg.de/vollrath/papers/061.pdf